动物小镇的经济学·启迪孩子财商的故事绘本

爱花钱的园丁鸟

芳飞翼 著　　海润阳光 绘

北京出版集团
北京教育出版社

图书在版编目（C I P）数据

爱花钱的园丁鸟 / 芳飞翼著 ；海润阳光绘． -- 北京 ：北京教育出版社，2023.3

（动物小镇的经济学．启迪孩子财商的故事绘本）

ISBN 978-7-5704-4735-0

Ⅰ．①爱… Ⅱ．①芳… ②海… Ⅲ．①财务管理一儿童读物 Ⅳ．①TS976.15-49

中国版本图书馆 CIP 数据核字 (2022) 第 153556 号

爱花钱的园丁鸟

AI HUA QIAN DE YUANDINGNIAO

芳飞翼　著　　海润阳光　绘

责任编辑：张文超　　责任印制：肖莉敏

出　　版　北京出版集团
　　　　　北京教育出版社

地　　址　北京北三环中路 6 号

邮　　编　100120

网　　址　www.bph.com.cn

总发行　京版北教文化传媒股份有限公司

经　　销　全国各地书店

印　　刷　天津联城印刷有限公司

版　　次　2023 年 3 月第 1 版

印　　次　2024 年 3 月第 2 次印刷

开　　本　889 毫米 ×1194 毫米　1/16

印　　张　2.125

字　　数　25 千字

书　　号　ISBN 978-7-5704-4735-0

定　　价　25.80 元

如有印装质量问题，由本社负责调换

质量监督电话　010-58572844　010-58572393

序

当今社会，有很多年轻人沦为卡奴、月光族、借贷族，这种现象源于“财商”的缺失，智商和情商再高，缺了“财商”，可能成就越高，摔得越惨。

财商是与智商和情商同样重要的能力。培养一个能够正确看待和使用金钱，拥有理财思维的孩子，能帮助他们为将来拥有幸福的生活打下良好基础。

给孩子讲钱不容易。钱是什么？钱从哪来？为什么可以用它买东西？钱越多越好吗？有钱会让人快乐吗？这一连串的问题，该如何回答？怎么才能让孩子理解呢？《动物小镇的经济学·启迪孩子财商的故事绘本》用生动的语言、灵动的图画，把这些答案融入故事里。

我们知道，讲大道理孩子不爱听，但讲故事却能让孩子听得津津有味。这套绘本包括6个富有哲理的小故事，幽默诙谐，寓教于乐。

咕噜咕噜村和叽叽喳喳村想要交换物品，经过不断地尝试，他们终于找到了好办法。究竟是什么呢？看完《贝壳变成了钱》，可以请孩子来回答，动物们最后是如何解决的。

既然钱可以方便地换到东西，懒惰的乌鸦也想挣钱。一开始它把贝壳种在土里，渴望种出许许多多的钱，乌鸦会成功吗？钱到底从哪儿来呢？《乌鸦想挣钱》这本书可以告诉你答案。

如果钱多了，可以把钱存进银行，那么银行是干什么的呢？读完《野猪先生开银行》，你会知道为什么会有银行，我们为什么愿意把钱存进银行里。

我们要学会挣钱，也要学会花钱。《爱花钱的园丁鸟》这本书里，园丁鸟不停地拿出贝壳花，很快木箱里就只剩一枚贝壳了……这个故事告诉孩子：花钱要合理。

为了学习花钱，猴子还专门报了班。记账是管理零花钱的好办法，打开《猴子的记账本》，看看他是怎么做的。

野猪先生越来越有钱，变成富翁的野猪先生快乐吗？有钱了，我们该怎么办呢？野猪先生找到了答案。如果你也想知道，可以读这本《富翁野猪的烦恼》。

这套绘本用鲜活的形象，充满童趣的语言，风趣好玩的故事真诚地给孩子讲述了关于钱的多方面的知识。内容看似简单，却可能对人的一生产生深远的影响。如何与孩子谈钱，这套绘本一定可以帮到你。

经济学博士，副教授，硕士研究生导师 陈玲

叽叽喳喳村搬来一位新居民——园丁鸟太太。她有一副好嗓子，是出名的大歌星，因此挣了许多贝壳。她把贝壳都存放在精致的木箱里。

她需要一座大房子。

于是她从木箱里取出一些贝壳，买了一座房子。

可是，她认为这座房子太普通了，最好带一个可以散步的美丽花园，她看中了另一座两层楼的大房子。

她又打开木箱……

房子需要用亮闪闪的东西来装饰。

还需要一个精致的厨房和最上等的食材。当然，还需要一个仆人。

花园建好了，需要定期举行盛大的宴会……

如果出门，园丁鸟太太需要围最上等的丝巾，戴最昂贵的羽毛帽子，打最精致的遮阳伞。

有漂亮的首饰，
生活多美好！
高贵的太太，
您眼光真好！
她还需要最新款的服饰、日用品……
花朵之爱
系列首饰独家首发
新鲜的鱼！

没过多久，园丁鸟太太付账时发现木箱里只剩下一枚贝壳了。

乱花钱不是一个好习惯。商品琳琅满目，我们不可能都买来。要学会选择，只买真正需要的东西。

幸好，野猪银行为她解决了难题。

园丁鸟太太的木箱又满了。她认为自己需要来一次随心所欲的旅行。

旅行回来时，园丁鸟太太的木箱里又只剩下一枚贝壳。

不幸的是，野猪银行的催账单也送到了。

更糟糕的是，因为旅行中吃了太多油腻的风味美食，园丁鸟太太的嗓子也坏了。

她躲在家里不出门，野猪又派螳螂上门讨债。

没办法，园丁鸟太太只好出售房子，还有自己昂贵的私人用品。

园丁鸟太太拎着木箱难过地离开了。

好心眼儿的布谷鸟村长收留了她。

布谷鸟村长认为，园丁鸟太太花钱太浪费，于是和她进行了一次长时间的谈话。

“您没办法买下所有想要的东西，您必须学会选择。做选择前，必须清楚自己真正需要什么……”

花钱要合理，要做选择。必须花的钱，一定要花。可以花也可以不花的钱，则要根据家庭的经济条件和父母的建议而决定。不必花的钱，尽量不花。

我非常清楚，我需要一座大房子，一顶漂亮的帽子、一条镶花边的裙子、一盒精美的首饰、一面带花纹的镜子，还有……
不不不，亲爱的园丁鸟太太，您要减一减，只买您真正需要的。

园丁鸟太太发现自己想要的东西太难减了，不过她最终还是做出了选择。

园丁鸟太太用仅剩的一枚贝壳买了自己最需要的东西。

她还发现，拥有真诚的朋友比拥有首饰珠宝更快乐。

谷鸟菜园

清淡的饮食使园丁鸟太太的嗓子恢复了，她又开始唱歌了。

园丁鸟太太木箱里的贝壳又多了起来。她决定重新买一座房子。

园丁鸟太太根据自己拥有的贝壳数目和需要，选择了一所小巧玲珑，但非常舒适的房子。

狐狸挑着担子来了。
最精美的餐具，您要看看吗？
谢谢，我已经有一套餐具了。

蜘蛛也来了。
最新款的丝巾，您需要吗？
谢谢，我打算以后自己织围巾了。

园丁鸟太太喜欢现在的生活。

读后感

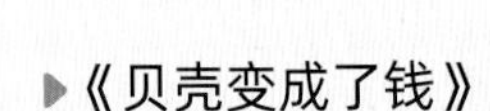

心心 4岁

▶《贝壳变成了钱》

看了这个故事，我也想有好多贝壳。不过我有好多硬币，装在存钱罐里。我可以用它们换来好多漂亮的贝壳。

▶《乌鸦想挣钱》

这只乌鸦原来很懒，后来它发现贝壳是钱，于是就努力工作。它很聪明，足智多谋，就像《乌鸦喝水》里面的乌鸦一样。它用自己的点子帮助了别人，自己也挣了更多的贝壳。我希望长大以后，也能像这只乌鸦一样聪明，用自己的智慧去帮助大家，也帮自己挣更多的钱！

陈嫲茜 9岁

宋易阳 11岁

▶《野猪先生开银行》

读了《野猪先生开银行》这本书，我知道了银行的来历。有了这些知识，银行对我来说不再神秘。野猪能成为大银行家真是了不起！我在想，野猪将来会不会把银行开到更多的地方呢？

▶《爱花钱的园丁鸟》

乱花钱不是好习惯！花钱要有计划。我特别喜欢布谷鸟村长，它特别有爱心，收留了园丁鸟太太。园丁鸟太太后来也变了。我以后买玩具也要有计划。

笑笑 5岁

李晗宇 6岁

▶《猴子的记账本》

哈，真好玩的故事。我好想有一个小猪存钱罐啊，这样就能把我的零花钱都存起来了。对了，我也要像猴子一样，学会记录，期待年底能用零花钱买我心爱的玩具。

▶《野猪富翁的烦恼》

野猪有钱了，可是它不快乐，帮助别人才能快乐。

南灏尊 4岁

小朋友，读完这几本书，你有什么想法和收获呢？也来说一说，写一写吧！